FORSCHUNGSBERICHTE DES LANDES NORDRHEIN-WESTFALEN

Nr. 1152

Herausgegeben

im Auftrage des Ministerpräsidenten Dr. Franz Meyers

von Staatssekretär Professor Dr. h. c. Dr. E. h. Leo Brandt

DK 662.766.3

Dr. phil. habil. Paul Hölemann

Ing. Rolf Hasselmann

Forschungsstelle für Acetylen, Dortmund

Über den Gehalt an Monovinylacetylen und höheren Polymeren im Acetylen aus Karbid

WESTDEUTSCHER VERLAG · KÖLN UND OPLADEN 1963

ISBN 978-3-663-03937-2   ISBN 978-3-663-05126-8 (eBook)
DOI 10.1007/978-3-663-05126-8

Verlags-Nr. 011152

Gesamtherstellung: Westdeutscher Verlag

Inhalt

1. Einleitung 7

2. Überprüfung der Analysenmethoden 9
   2.1 Gravimetrische Analyse 9
   2.2 Gaschromatographische Analyse 11

3. Ergebnisse der Messungen 14
   3.1 Ergebnisse an Betriebsproben 14
   3.2 Untersuchung über die Bildung von Mova an Karbid 15

4. Zusammenfassung 21

5. Literaturverzeichnis 22

1. Einleitung

Rohacetylen, welches aus Karbid in Naß- oder Trockenentwicklern erzeugt wird, soll als Verunreinigung unter anderem eine Anzahl höherer Acetylenpolymere enthalten, von denen das Monovinylacetylen (im Folgenden kurz mit Mova bezeichnet) anteilmäßig am stärksten vertreten ist. Die effektiv nachzuweisenden Mengen sind im allgemeinen sehr klein. So beträgt der Movagehalt eines Naßentwickleracetylens nach A. Müller [1] ca. 100 mg/m³ Rohgas entsprechend einem Gehalt von 0,043 Vol-⁰/₀₀. Für Trockenentwicklergas sind die Movagehalte allerdings wesentlich höher angegeben. Sowohl Trocken- als auch Naßentwicklergas soll weiterhin je nach der Karbidqualität wechselnde Mengen an Diacetylen und Hexadiin aufweisen.

Diese in der Literatur vorliegenden Werte dürften aber ziemlich unsicher sein und stellen nur Mittelwerte dar, die zunächst noch keine Möglichkeit geben, sich ein Bild davon zu machen, unter welchen Bedingungen die Bildung der höheren Acetylene bevorzugt erfolgt. Dazu ist die Durchführung einer größeren Zahl von Analysen an jeweils kleineren Gasproben erforderlich.

Die Bestimmung dieser geringen Mengen nach einer konventionellen analytischen Methode in Gegenwart einer sehr großen Acetylenmenge ist äußerst schwierig. Abgesehen davon, daß der Analysengang recht kompliziert ist, erfordert er eine vorherige weitgehende Anreicherung der in Frage kommenden Substanzen und Beseitigung störender Komponenten. In Vorversuchen wurde die Genauigkeit der Analysenmethode zur Bestimmung von Monovinylacetylen und ihre Beeinflussung durch die Anwesenheit von Acetylen und Aceton geprüft.

Durch eine Anreicherung der zu analysierenden Komponenten, beispielsweise nach dem Trennrohrverfahren oder durch Adsorption, ergeben sich aber zusätzliche, nicht ohne weiteres übersehbare Fehlermöglichkeiten. Außerdem müssen verhältnismäßig große Gasmengen für die Analyse eingesetzt werden. Es schien daher zur Vergrößerung der Analysengenauigkeit ratsam, eine direkte Methode zu wählen. Für diese Untersuchung bot sich die gaschromatographische Analyse als besonders geeignet an, da sie es erlaubt, mit kleinen Gasmengen zu arbeiten und die Untersuchung nur kurze Zeit in Anspruch nimmt.

Die Gaschromatographie ist eine physikalische Trennmethode, bei der die zu trennenden Bestandteile auf zwei Phasen verteilt werden. Die stationäre Phase, die als Säule angeordnet ist, besteht aus einer Substanz mit großer Oberfläche, die mit einem geeigneten Lösungsmittel benetzt ist. Die zweite Phase, die von einem Trägergas gebildet wird, strömt durch die Säule. Sie besorgt den Transport der Bestandteile des zu analysierenden Gasgemisches. Wegen der selektiven Verzögerung durch die stationäre Phase auf Grund der verschiedenen Löslichkeiten bewegen sich die einzelnen Komponenten des Gemisches mit verschiedener effektiver Geschwindigkeit durch die Säule. Sie bilden dadurch schließlich einzelne Zonen aus, die bei genügender Länge getrennt aus der Trennsäule austreten und durch physikalische Methoden, z.B. Messung der Wärmeleitfähigkeit, charakterisiert werden können. Dabei benötigt jede Komponente bei konstanter Trägergasgeschwindigkeit und Temperatur der Säule zum Durchlaufen eine charakteristische, gleichbleibende Zeit.

Es wurde zunächst die Genauigkeit dieser Methode, vor allem bei sehr geringen Gehalten des Acetylens an Mova (unter 0,01 Vol-$^0/_{00}$), untersucht. Anschließend wurde der Movagehalt an Karbidacetylenproben verschiedener Herkunft bestimmt. Abschließend wurden im Laboratorium Untersuchungen über die Bildungsbedingungen von Mova sowie von Diacetylen und Divinylacetylen ausgeführt.

2. Überprüfung der Analysenmethoden

2.1 Gravimetrische Analyse

Zur Bestimmung von Mova im Acetylen wurde zunächst eine Makromethode geprüft [2], nach der Mova mit Hilfe von Quecksilber-II-oxyd in schwefelsaurer Lösung aufoxydiert und unter Wasseranlagerung in das Diketon übergeführt wird. Die Reaktion verläuft nach der Gleichung:

$$CH_2 = CH - C \equiv CH \xrightarrow[H_2O]{1/2\ O_2} CH_3 - \underset{\underset{O}{\|}}{C} - \underset{\underset{O}{\|}}{C} - CH_3 \qquad (1)$$

Aus der entstehenden Anlagerungsverbindung zwischen Diacetylen und Quecksilbersalz wird das Diketon durch konz. Salzsäure freigemacht und mittels Hydroxylamin in Dimethylglyoxim überführt [3]. Das gebildete Dimethylglyoxim kann schließlich als Nickelsalz quantitativ erfaßt werden.

Bei der Analyse können vor allem Fehler auf Grund der Löslichkeit des Ni-Dimethylglyoxims sowie durch dessen Verunreinigung mit eventuell gleichzeitig gefällten Hg-Verbindungen entstehen. Diese Fehlermöglichkeiten sind entsprechend zu berücksichtigen.

In einer ersten Versuchsreihe wurde movahaltiges Rohgas untersucht, das außerdem in der Hauptsache Divinylacetylen und Methylacetylen enthielt. Das Rohgas wurde, gelöst in Methanol, von den Chemischen Werken Hüls bezogen.

In der Tab. 1 sind die Versuchsergebnisse zusammengestellt. Außer der zugegebenen Rohgasmenge sind die gefundenen Movamengen, der prozentuale Movagehalt des Gases sowie die relative Abweichung vom Mittelwert aufgeführt. Der gefundene Movagehalt war geringfügig von der vorgelegten Rohgasmenge abhängig in dem Sinne, daß in einer vorgelegten Gasmenge von 4,3 ml ein Movagehalt von 68,3% festgestellt wurde, der bei 37,3 ml Rohgasmenge auf 69,2% anstieg. Dieser Unterschied kann durch die Löslichkeit des Ni-Niederschlages in der Reaktionslösung bedingt sein.

Zur Herstellung verschiedener Mova–Acetylen-Gemische wurde das Rohgas II mit einem Movagehalt von 55,8% verwendet. Aus diesem Rohgas wurden Mischungen mit verschiedenen Acetylengehalten hergestellt, um den Einfluß des Acetylens auf die Genauigkeit der Movabestimmung zu ermitteln. Die Tab. 2 zeigt die angewandten Mischungen sowie die gefundenen Movamengen.

Bei Anwesenheit größerer Mengen Acetylen wird demnach immer zu wenig Mova gefunden, da das Acetylen bei der Methode stört [4]. Mit zunehmendem Acetylengehalt nimmt der in der Probemischung gefundene Movagehalt ab.

Übersteigt das Acetylen im Gas einen Gehalt von ca. 60%, bezogen auf das reine Mova, so findet keine Oximbildung mehr statt.

Tab. 1 Movabestimmung im Ausgangsrohgas

Vers.-Nr.	Ausgangs-gasmenge Nml	Mova gefunden Nml	Mova-gehalt %	Abweichung vom Mittel %
		Rohgas I		
3	5,4	3,7	68,5	0,2
4	4,7	3,3	70,2	1,9
5	3,4	2,1	65,6	2,7
6	4,5	3,1	68,9	0,6
7	5,4	3,7	68,5	0,2
8	3,6	2,5	69,4	1,1
9	3,6	2,4	66,7	1,6
			68,3	1,2
10	19,5	13,7	70,2	1,2
11	12,1	8,2	67,8	1,2
			69,0	1,2
1	36,4	25,5	70,0	0,8
2	38,2	26,1	68,3	0,9
			69,2	0,9
		Rohgas II		
1	9,6	5,5	57,3	1,5
2	11,9	6,4	53,8	2,0
3	15,0	8,4	56,3	0,5
			55,8	1,3

In einer weiteren Untersuchungsreihe endlich wurde das movahaltige Ausgangsgas, mit Aceton gemischt, analysiert. Schon bei Acetonzusätzen im Gewichtsverhältnis 1:1 zum Mova wird die Analysenreaktion so stark gestört, daß keine fällbaren Mengen an Oxim gebildet werden.

Die geprüfte Bestimmungsmethode ist demnach nur auf acetonfreie Gase anwendbar und erfordert eine weitgehende Voranreicherung des Mova, damit der störende Einfluß des Acetylens sich nicht mehr bemerkbar machen kann. Eine solche Methode war daher für die beabsichtigten Untersuchungen nicht zweckmäßig.

10

Tab. 2 Mischungen Mova–Acetylen

Vers. Nr.	Prozentualer C_2H_2-Gehalt bezogen auf Mova	Movamenge im Analysengas vorgelegt	gefunden	Differenz vorgelegt - gefunden	Differenz %
12	26,4	14,4	13,8	0,6	4,2
9	34,9	10,2	9,5	0,7	6,9
6	35,0	13,7	12,7	1,0	7,3
10	41,8	11,7	10,8	0,9	7,7
11	41,8	12,9	11,9	1,0	7,7
13	51,8	11,6	10,5	1,1	9,5
15	55,6	9,9	8,8	1,1	11,1
4	59,0	10,4	9,1	1,0	12,5
5	64,6	5,2			
7	64,2	12,9			
8	64,2	7,1	keine Oximbildung		
16	72,3	5,5			
14	78,3	11,6			
17	81,9	10,2			

2.2 Gaschromatographische Analyse

Wesentlich aussichtsreicher erschien dagegen die erst neuerdings entwickelte gaschromatographische Methode. Zur Bestimmung der höheren Acetylenpolymeren wurde eine Säule von 10 m Länge und 6 mm lichtem Durchmesser verwandt. Als stationäre Phase diente Sterchamol mit einem Teilchendurchmesser von 0,2 bis 0,3 mm. Das Sterchamol wurde mit 2nHCl gekocht und anschließend nach dem Waschen auf Chlorfreiheit geprüft. Als selektives Lösungsmittel diente Phthalsäure-di-(2-äthyl-hexyl)-ester (Dioctylphthalat) in einer Konzentration von 30% bezogen auf das Sterchamol. Als Trägergas wurde Wasserstoff verwendet. Die Strömungsgeschwindigkeit betrug ca. 30 ml/min. Der einer normalen Gasflasche entnommene Wasserstoff wurde über einem Molekularsieb (4 Å) getrocknet.

Die Abb. 1 zeigt schematisch den Aufbau der Anordnung. Die Geschwindigkeit des Trägergases wurde über eine Drossel der Firma Siemens konstant eingestellt. Am Eingang der Säule befand sich die übliche Dosiervorrichtung D, durch welche das zu analysierende Gas in den Trägergasstrom eingeschleust werden konnte. Durch Verwendung von Meßrohren G verschiedenen Inhalts, nämlich 3, 20 und 40 ml, konnte die Menge des zu analysierenden Gases in einem größeren Bereich variiert werden. Die Trennsäule S war in einem Metallblock aus Aluminium eingegossen und wurde durch ein Heizrohr, welches sich im Zentrum des Metallblocks befand, temperiert. Die Temperatur der Säule betrug 97°C. Die Temperaturregelung erfolgte über ein Kontaktthermometer und Quecksilber-

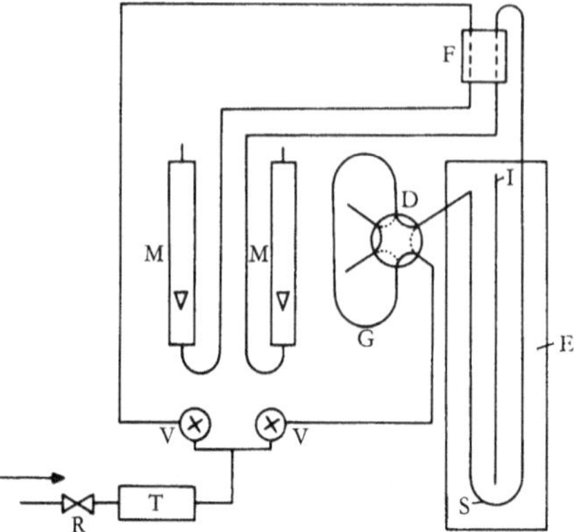

Abb. 1   Schema der Analysenapparatur
T = Trockengefäß; V = Drossel; D = Probeneinfüllung; G = Meßrohre;
S = Trennsäule; E = Metallblock; I = Heizung; F = Meßzelle; R = Reduzierventil; M = Strömungsmesser

relais mit einer Konstanz von $\pm$ 0,2° C. Auf der gleichen Temperatur wurde auch die zur Charakterisierung der einzelnen Komponenten verwendete Wärmeleitfähigkeitszelle der Firma Gow-Mac, System Pretzel, gehalten.

Als Anzeigegerät diente ein Kompensograph der Firma Siemens mit einer maximalen Empfindlichkeit von 1 mV über den ganzen Meßbereich. Die Empfindlichkeit konnte durch Vorschalten verschiedener Widerstände auf 500 mV reduziert werden. Zur Stromversorgung der Wärmeleitfähigkeitsmeßzelle diente ein Stromversorgungsteil für die Gaschromatographen der Firma Siemens, in dem die Netzspannung mittels Gleichrichter, magnetischem Spannungskonstanthalter und Diodenstabilisierung in eine konstante Gleichspannung umgewandelt wurde. Die an die Meßzelle angelegte Spannung betrug 17 V und entsprach einem Heizstrom von 300 mA.

Zur Bestimmung der Analysengenauigkeit wurden Acetylen–Mova-Gemische bestimmter Konzentration auf die Säule gegeben und eine Eichkurve aufgestellt. Das Mova wurde von KNAPSACK mit einer Reinheit von 99,8% zur Verfügung gestellt[1]. Es konnten bei maximaler Empfindlichkeit des Millivoltmeters Movagehalte im Acetylen bis 0,01 Vol-$^0/_{00}$ entsprechend einem Ausschlag am Schreiber von 5 mm gemessen werden. Die Genauigkeit betrug unter diesen Umständen noch ca. 20%. Die Tab. 3 gibt die Werte von drei verschiedenen Eichserien wieder, die am Anfang und während der Untersuchungen aufgestellt wurden.

Die Methode erschien daher ausreichend, um den Gehalt des Acetylens an höheren Polymeren, speziell an Mova, mit genügender Genauigkeit festzustellen. Dabei mußte allerdings besondere Sorgfalt auf den gleichmäßigen Betrieb des Chromatographen bezüglich konstanter Temperatur, Strömungsgeschwindigkeit und Stromversorgung angewandt werden.

---

[1] Wir möchten auch an dieser Stelle für die seitens KNAPSAK geleistete Hilfe unseren besonderen Dank aussprechen.

Tab. 3   Abhängigkeit des Ausschlags am Schreiber von dem Movagehalt des Acetylens

Ausschlag mm	Movagehalt $Vol^0/_{00}$	spezif. Ausschlag $10^{-3}\ Vol\text{-}^0/_{00}/mm$
10	0,019	1,90
59	0,107	1,81
61,8	0,112	1,81
88,5	0,159	1,80
105,0	0,190	1,81
21	0,039	1,86
45	0,082	1,82
73	0,132	1,81
114	0,205	1,80

3. Ergebnisse und Messungen

3.1 Ergebnisse an Betriebsproben

Untersuchungen an Acetylenproben, die während des laufenden Betriebes von Naßentwicklern in verschiedenen Anlagen genommen wurden, ergaben, daß der Movagehalt zwischen 0,01 und 0,02 Vol-$^0/_{00}$ schwankte. Dagegen war der Gehalt an Diacetylen und Divinylacetylen außerordentlich gering, so daß er in Einzelfällen zwar nachzuweisen, eine Bestimmung aber nicht mehr möglich war. Eine Abschätzung ergab, daß im Höchstfall Diacetylengehalte von weniger als 0,006 Vol-$^0/_{00}$ auftraten.

Die Gasproben wurden an verschiedenartigen Naßentwicklern in Acetylenwerken sowie an einem Kleinentwickler der Forschungsstelle genommen. Das den Naßentwicklern entnommene feuchte Gas wurde vor Aufgabe auf die Säule über Calciumcarbid getrocknet. Durch die Reaktion zwischen Wasserdampf und Carbid entstehen neben Acetylen auch höhere Polymere (s. Abschnitt 3.2), z.B. Mova, dessen Anteil unter den vorliegenden Bedingungen jedoch so gering ist, daß diese Menge analytisch nicht nachgewiesen werden kann. Die Tab. 4 gibt die gefundenen Movagehalte in 10^{-2} Vol-$^0/_{00}$ wieder.

Die Schwankungen zwischen den Einzelmessungen, die zum Teil die Analysenfehlergrenze übersteigen, können vor allem auf Inhomogenitäten im Karbid sowie auf schwankende Betriebsbedingungen zurückgeführt werden. Der geringe Movagehalt des im Kleinentwickler der Forschungsstelle erzeugten Acetylens ist auf die geringere Betriebstemperatur von höchstens 45°C gegenüber Temperaturen von 65 bis 70°C in den Großentwicklern zurückzuführen. Die angeführten Mittelwerte ergeben unmittelbar die steigende Tendenz des Movagehaltes mit der durchschnittlichen Betriebstemperatur. Wie die Abb. 2 zeigt, ergibt sich eine fast lineare Zunahme des Movagehaltes mit der Temperatur.

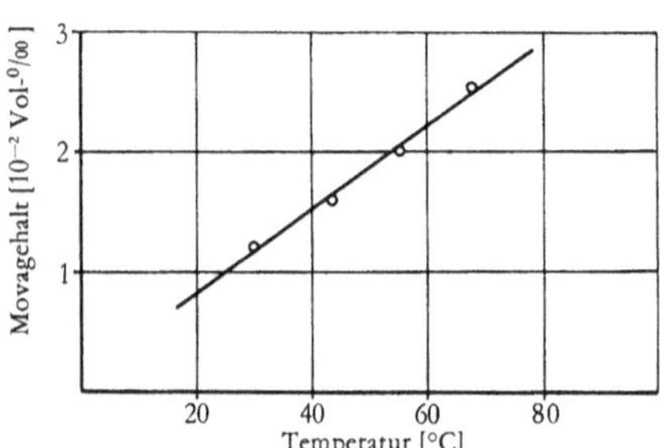

Abb. 2 Movagehalt im Naßentwicklergas in Abhängigkeit von der Entwicklertemperatur

Tab. 4   Movagehalt im Acetylen verschiedener Anlagen während des laufenden Betriebes

	Forschungs- stelle	Dortmund	Essen	Hagen
Anzahl der Messungen	24	4	3	4
Temperatur °C	38	55	ca. 70	ca. 70
mittl Movagehalt 10^{-2} Vol-$^0/_{00}$	1,0	1,4	2,0	2,0
prozentuale Abweichung vom Mittel	± 20	± 28,6	± 30	± 10

Zum Vergleich wurde außerdem Acetylen untersucht, das in einem Trockenentwickler erzeugt und während des Betriebes entnommen wurde. Das Gas enthielt im Mittel 0,112 Vol-$^0/_{00}$ Mova, d.h. ca. die 5- bis 10fache Menge des Naßentwicklergases. Die Tab. 5 gibt die Meßwerte von drei Analysenreihen wieder.

Der Gehalt an Diacetylen lag beim Trockenentwickler deutlich höher als beim Naßentwickler. Es wurden Werte von 0,013 Vol-$^0/_{00}$ gefunden. Sowohl beim Naß- als auch beim Trockenentwickler betrugen die gefundenen Gehalte an Mova, auch im Höchstfall, weniger als die Hälfte der von A. MÜLLER [1] angegebenen Werte.

Auch bei den Naßentwicklern macht sich ein beträchtliches Ansteigen des Movagehaltes im Acetylen bemerkbar, wenn der Entwickler längere Zeit gestanden hat. Dementsprechend liegen die ersten Gasproben höher, die unmittelbar oder kurze Zeit nach der Wiederinbetriebnahme entnommen werden. In der Tab. 6 sind die Movagehalte von Gasproben während des Betriebsstillstandes zusammengestellt.

Tab. 5   Movagehalt von Trockenentwickleracetylen

	1	2	3
Zahl der Analysen	3	10	10
Movagehalt Vol-$^0/_{00}$	0,105	0,116	0,115
prozentuale Abweichung vom Mittel	± 2,9	± 6,9	± 13,1

Die nach längerem Betriebsstillstand genommenen Proben enthielten demnach durchschnittlich das 3- bis 6fache an Mova gegenüber den normalen Betriebsproben. Aber auch in diesem Fall war der Gehalt an Diacetylen und höheren Polymeren im Gegensatz zu den Angaben von A. MÜLLER außerordentlich gering.

3.2 Untersuchung über die Bildung von Mova an Karbid

Es erhebt sich die Frage, wie diese größeren Movagehalte beim Stillstand entstehen. Zu ihrer Klärung wurden die folgenden Versuche ausgeführt.

	Forschungs-stelle	Dortmund	Essen	Hagen	
Zahl der Messungen	18	3	4	18	20
Temperatur °C	20	35	48	51	52
Dauer des Betriebsstillstandes in Stunden	12	12	12	12	48
Mittlerer Movagehalt 10^{-2} Vol-$^0/_{00}$	5,1	8,5	9,6	7,0	14,4
Prozentuale Abweichung vom Mittel	± 19,6	± 2,4	± 12,5	± 28,5	± 9,0

In einer Versuchsreihe wurde untersucht, in welcher Menge Mova aus dem Karbidschlamm desorbiert wird bzw. im Schlamm gebildet werden kann. Es wurde zu diesem Zweck in einem 3-l-Rundkolben 200 g CaC_2 in 1000 ml Wasser bei 70°C eingetragen und das sich dabei bildende Acetylen abgeleitet. Nach beendeter Reaktion wurde der Kolben verschlossen. Im Abstand von jeweils zwei Stunden wurden Gasproben entnommen und auf den Movagehalt untersucht. Mit zunehmender Versuchsdauer stieg die gebildete Movamenge von 0,02 Vol-$^0/_{00}$ am Anfang auf 0,105 Vol-$^0/_{00}$ nach 24 Stunden an, um sich nach 33 Stunden einem Grenzwert von 0,112 Vol-$^0/_{00}$ zu nähern (s. Abb. 3). Dieser Kurvenverlauf läßt sich am zwanglosesten dadurch erklären, daß die Movabildung schon während der Karbidumsetzung erfolgt, daß aber das Mova nur langsam bis zu einem Gleichgewichtszustand vom Schlamm abgegeben wird. Dagegen erscheint eine nachträgliche Movabildung etwa aus Acetylen wesentlich unwahrscheinlicher. Die Menge des in dieser Anordnung nach zwei Stunden gebildeten Movas ist von der zugegebenen Karbidmenge abhängig, wie Abb. 4 zeigt. Es wurden bei diesen Versuchen jeweils verschiedene CaC_2-Mengen (25, 50, 100 und 200 g) in 1000 ml Wasser eingetragen und nach zwei Stunden der Movagehalt des Gases gemessen. Mit zunehmender CaC_2-Menge stieg der Movagehalt an. Die gemessenen Temperaturen der Mischungen, die sich nach dem Eintragen des Karbides einstellten, zeigen einen ähnlichen Verlauf mit steigendem Karbidzusatz wie die Movagehalte. Die Zunahme des Movagehaltes mit der Karbidmenge ist demnach wenigstens zum Teil auf diese Erhöhung der Temperatur zurückzuführen. Wird der Movagehalt als Funktion der Temperatur aufgetragen, so ergibt sich wieder, wie in Abb. 2, ein näherungsweise linearer Zusammenhang (s. Abb. 5). Die Versuche scheinen demnach zu zeigen, daß das Mova schon bei der primären Umsetzung des Karbids mit dem Wasser entsteht und aus dem Schlamm nur langsam entbunden wird. Die gebildete Movamenge ist um so größer, je höher die Temperatur bei der Umsetzung bzw. je größer die Konzentration des Schlammes an Kalk ist. Dagegen scheint keine weitere laufende Umwandlung von schon gebildetem Acetylen in der wäßrigen Phase stattzufinden.

16

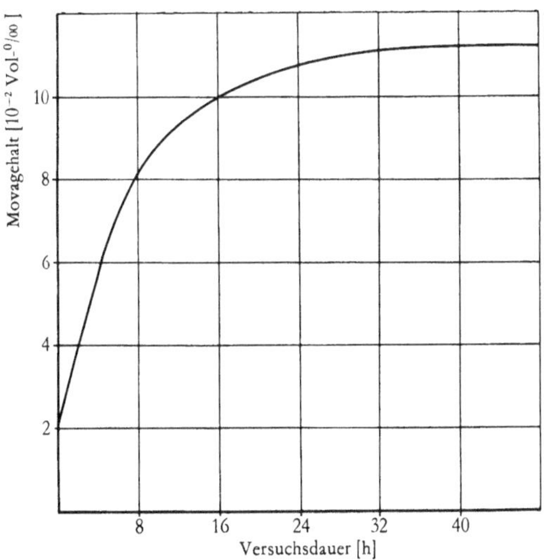

Abb. 3   Abhängigkeit des Movagehaltes im Gas über einer Kalkschlammbrühe von der Zeit

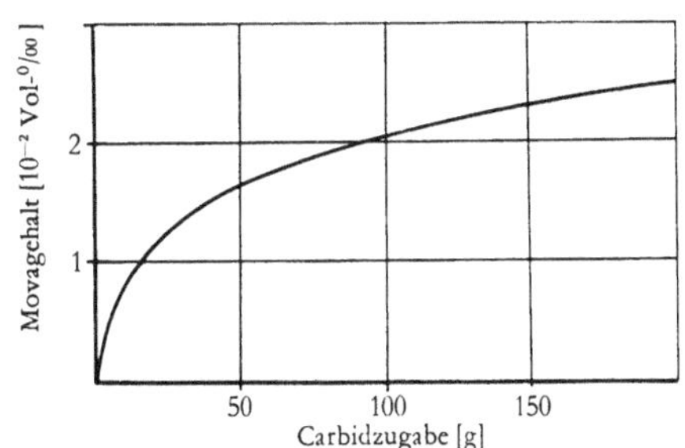

Abb. 4   Abhängigkeit des Movagehaltes im Gas von der CaC_2-Menge nach zwei Stunden

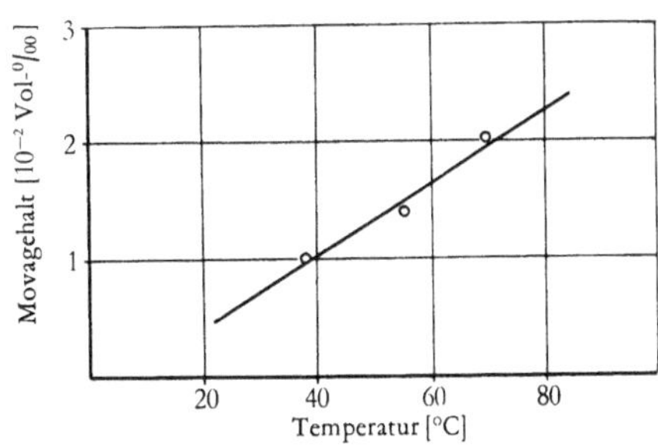

Abb. 5   Zunahme des Movagehaltes in der Gasphase nach zwei Stunden als Funktion der Temperatur bei der Karbidzersetzung

Zur Klärung der Frage, ob zur Polymerisatbildung die wäßrige Phase erforderlich ist, wurde weiterhin die Movabildung beim Überleiten von mit Wasser gesättigtem Acetylen über Karbid bei verschiedenen Temperaturen beobachtet.

Die verwendete Apparatur zeigt Abb. 6. Durch die Umwälzpumpe P wurde ein konstanter, im Sättigungsgefäß H mit Wasserdampf beladener Acetylenstrom über das im Reaktionsgefäß C befindliche kleinkörnige Karbid (Körnung 4/7) im Kreislauf geleitet. Die Gasanalysen wurden mittels des Probengefäßes G abgezogen, wobei am Hg-Manometer m der Druck in der Apparatur beobachtet werden konnte. In der Apparatur wurde immer ein geringer Überdruck gegenüber der Außenatmosphäre aufrechterhalten.

In Abb. 7 sind die Movagehalte in Abhängigkeit von der Umlaufzeit des Acetylens dargestellt. Die Messungen wurden bei 20 und 50°C im Sättigungs- und im Reaktionsgefäß durchgeführt. Erwartungsgemäß wurde bei der höheren Temperatur von 50°C eine höhere Movamenge gefunden als bei 20°C, bedingt sowohl durch den höheren Wasserdampfpartialdruck als auch durch die höhere Temperatur. Wie Abb. 7 zeigt, werden bei dieser Anordnung nach achtstündiger Berührungszeit und 50°C Versuchstemperatur bis zu 0,30 Vol-$^0/_{00}$ Mova im Acetylen ermittelt.

Bemerkenswert erscheint, daß die anfängliche Geschwindigkeit der Movabildung bei 50°C nur etwa doppelt so groß ist wie bei 20°C und mit der Zeit deutlich zurückgeht. Das heißt, daß entweder die Bildungsreaktion für das Mova als solche relativ zur C_2H_2-Bildung mit der Zeit zurücktritt oder daß schon gebildetes Mova im weiteren Verlauf umgesetzt wird.

Zum Vergleich wurde außerdem durch konz. H_2SO_4 getrocknetes Acetylen bei Temperaturen von 20, 50 bzw. 70°C über Karbid geleitet. Auch hierbei konnte eine langsame Zunahme des Movagehaltes bei Erhöhung der Berührungszeit beobachtet werden. Bei der höchsten Temperatur von 70°C wurde jedoch nach 15 Stunden nur ein Movagehalt von 0,045 Vol-$^0/_{00}$ festgestellt. In Abb. 8 ist die Abhängigkeit des Movagehaltes von der Berührungszeit bei den verschiedenen Temperaturen dargestellt. Es findet also mit trockenem Gas eine wesentlich geringere Bildung als bei Gegenwart von Wasserdampf im Acetylen statt. Der Hauptanteil des Movas entsteht unmittelbar bei der Umsetzung von Wasserdampf an Karbid. Dabei ist die Frage noch offen, ob die immer an der Oberfläche des Karbids befindlichen Zersetzungsprodukte, wie vor allem Kalkhydrat, eine Rolle spielen.

Auf Grund dieser Beobachtungen wurde versucht, ob durch Überleiten von reinem Wasserdampf bei niedrigem Druck über erwärmtes Calciumcarbid die Movabildung in noch stärkerem Maße erfolgt. Das Karbid wurde dabei auf eine Temperatur von 150°C gebracht, während die Wassertemperatur auf 35°C entsprechend einem Wasserdampfdruck von 42 mm Hg gehalten wurde.

In dieser Anordnung konnte in dem entstehenden Acetylen ein Movagehalt bis zu 1,57% nachgewiesen werden. Eine weitere Erhöhung der Temperatur des Karbids auf 200°C erniedrigte die gebildete Movakonzentration auf 0,7% bei gleichzeitiger Erhöhung der mitgebildeten Mengen an Diacetylen und Divinylacetylen. In dem gleichen Sinne machte sich auch eine Erhöhung der Wassertemperatur auf

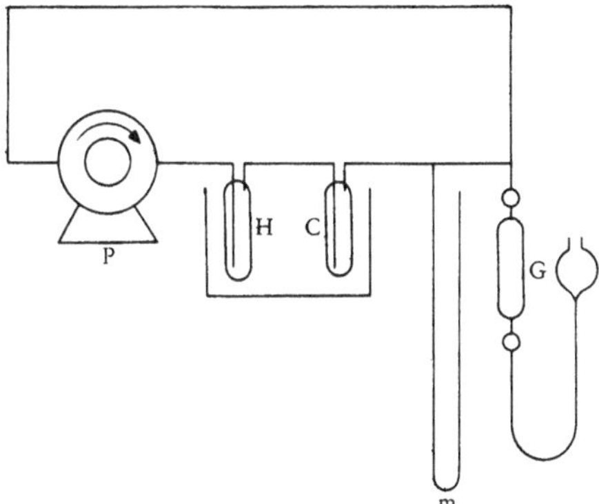

Abb. 6 Schema der Versuchsapparatur zur Umsetzung von feuchtem bzw. trockenem
Acetylen an Karbid
P = Umwälzpumpe; H = Sättigungsgefäß; C = Reaktionsgefäß;
m = Hg-Manometer; G = Probenentnahmegefäß

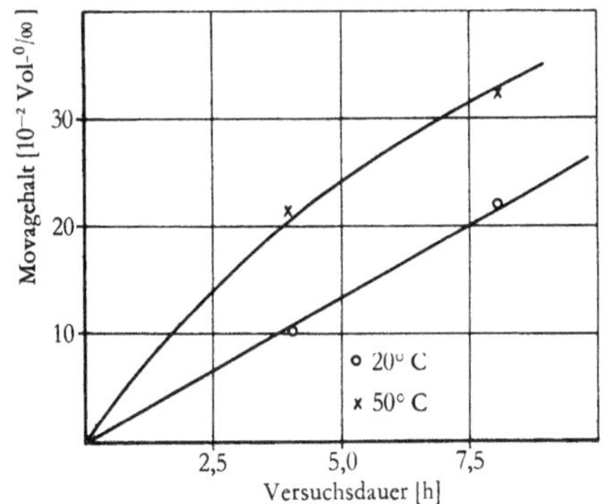

Abb. 7 Abhängigkeit des Movagehaltes von der Zeit bei verschiedenen Temperaturen
(feuchtes C_2H_2)

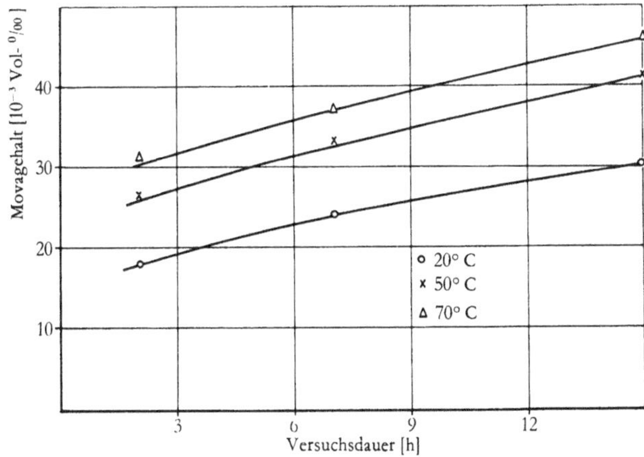

Abb. 8 Abhängigkeit des Movagehaltes von der Zeit bei verschiedenen Temperaturen
(trockenes C_2H_2)

50°C und damit eine entsprechende Vergrößerung des Wasserdampfdruckes bemerkbar. Dagegen wirkte sich die Verwendung von Karbidstaub an Stelle von körnigem Karbid nicht auf den Movagehalt aus.

Bei 200°C wurden außerdem unter diesen Bedingungen erhebliche Mengen an Wasserstoff (bis ca. 12%) gebildet. Da die Bildung von Kohlenstoff nicht beobachtet wurde, muß der Wasserstoff durch Abspaltung aus den höheren Polymeren entstehen. So ergibt sich z.B. Diacetylen aus Vinylacetylen.

Es ist demnach anzunehmen, daß die Bildung von Mova im Entwickler im wesentlichen unmittelbar bei der Reaktion von Wasser und eventuell von Wasserdampf mit CaC_2, d.h. bei der normalen Acetylenreaktion erfolgt. Nebenreaktionen, wie die nachträgliche Umsetzung von Acetylen mit Kalkschlamm, können daneben nur in geringem Umfang stattfinden. Das gebildete Mova wird aber aus dem Schlamm nur langsam abgegeben.

Der Unterschied am Movagehalt im normalen Betriebsgas und den während des Stillstandes abgenommenen Proben ist dann dadurch zu erklären, daß das während des Betriebes gebildete Mova nur zum geringen Teil von dem Acetylen mitgeführt, zum anderen von der Kalkbrühe festgehalten und mit dieser abgeleitet wird. Während des Betriebsstillstandes desorbiert dagegen das Mova aus der Kalkbrühe und reichert sich im Acetylen des Entwicklers an.

Der Trockenentwickler zeichnet sich gegenüber dem Naßentwickler durch die Anwesenheit nur einer sehr geringen flüssigen Phase aus, wobei gleichzeitig die Temperatur beträchtlich höher liegt. Beide Faktoren wirken sich dahingehend aus, daß der Anteil an gebildeten Polymerisaten zunehmen muß. Das bestätigen auch die Analysen des Trockenentwicklergases. Gleichzeitig ist unter diesen Bedingungen auch besonders bei lokalen Überhitzungen mit der Möglichkeit weiterer Polymerisationsreaktionen (Bildung von Divinylacetylen) sowie der Bildung von Diacetylen durch Wasserstoffabspaltung aus Mova zu rechnen.

4. Zusammenfassung

Es wurde eine gravimetrische sowie eine gaschromatographische Methode auf ihre
Eignung zur Erfassung kleiner Mengen an Monovinylacetylen (Mova) im Acetylen untersucht. Der Gehalt von aus Karbid hergestelltem Acetylen an Mova und
höheren Polymerisaten wurde mit letzterer bestimmt. Die verschiedenen Bedingungen, unter denen Mova gebildet wird, wurden untersucht.
In Acetylen, das in Naßentwicklern bei Temperaturen zwischen $40°$ und $70°C$
während des normalen Betriebes erzeugt wird, konnte Mova in Mengen von 0,01
bis 0,02 Vol-$^0/_{00}$ nachgewiesen werden. Der Gehalt an Diacetylen und höheren
Polymeren war demgegenüber wesentlich geringer und lag an der Grenze der
Nachweisbarkeit. Trockenentwickleracetylen, welches zum Vergleich untersucht
wurde, enthielt ca. 0,11 Vol-$^0/_{00}$ Mova.
Dagegen wurden im Entwicklergas nach 12 bis 48 Stunden Betriebsstillstand
Movagehalte von 0,05 bis 0,14 Vol-$^0/_{00}$ im Acetylen gefunden.
Der hohe Movagehalt des nach einem Betriebsstillstand gemessenen Acetylens ist
darauf zurückzuführen, daß das gleichzeitig mit der Acetylenentwicklung gebildete Mova im Schlamm festgehalten und nur langsam während des Stillstandes
abgegeben wird. Dadurch wird es im Betriebszustand zum großen Teil mit der
ablaufenden Kalkbrühe abgeführt. Vergleichende Laborversuche ergaben nach
zehn Stunden einen Movagehalt von 0,10 Vol-$^0/_{00}$ im Acetylen über stehendem
Kalkschlamm.
Die Bildung des Mova erfolgt unmittelbar während der Primärreaktion des Was-
sers bzw. des Wasserdampfes mit dem Karbid. Daneben ist die weitere Umsetzung des schon gebildeten Acetylens in der Kalkschlammbrühe oder an noch
vorhandenem Karbid nur sehr gering.
Eine wesentlich stärkere Movabildung findet bei der Reaktion von Wasserdampf
mit Karbid bei höheren Temperaturen statt. So wurde an Karbid von $150°C$,
über welches Wasserdampf unter dem Sättigungsdruck von $35°C$ geleitet wurde,
ein Acetylen erzeugt, welches bis zu 1,5 Vol-% Mova enthielt. Weitere Erhöhung
der Karbidtemperatur auf $200°C$ bewirkte eine Erniedrigung des Movagehaltes
unter gleichzeitiger stärkerer Bildung von Wasserstoff und höheren Polymeren
sowie von Diacetylen.

Dr. phil. hab. PAUL HÖLEMANN
Ing. ROLF HASSELMANN

5. Literaturverzeichnis

[1] MÜLLER, A., Z. Angew. Chem. Bd. 62, 1950, S. 166.
[2] EBERHARDT, E., DRP. 615637, 1935.
[3] KRÜGER, R., und TH. GÖSSL, Z. Angew. Chem. Bd. 65, S. 1953, 557.
[4] ibid. S. 559.

FORSCHUNGSBERICHTE
DES LANDES NORDRHEIN-WESTFALEN

Herausgegeben im Auftrag des Ministerpräsidenten Dr. Franz Meyers
von Staatssekretär Prof. Dr. h. c., Dr.-Ing. E. h. Leo Brandt

AZETYLEN · SCHWEISSTECHNIK

HEFT 14
Forschungsstelle für Azetylen, Dortmund
Untersuchungen über Azeton als Lösungsmittel
für Azetylen
1952, 64 Seiten, 10 Abb., 26 Tabellen, DM 12,25

HEFT 38
Forschungsstelle für Azetylen, Dortmund
Untersuchungen über die Trocknung von Azetylen
zur Herstellung von Dissousgas
1953, 36 Seiten, 11 Abb., 3 Tabellen, DM 6,80

HEFT 52
Forschungsstelle für Azetylen, Dortmund
Untersuchungen über den Umsatz bei der explosiblen Zersetzung von Azetylen
a) Zersetzung von gasförmigem Azetylen
b) Zersetzung von an Silikagel absorbiertem
   Azetylen
1954, 48 Seiten, 8 Abb., 10 Tabellen, DM 9,25

HEFT 78
Forschungsstelle für Azetylen, Dortmund
Über die Zustandsgleichung des gasförmigen
Azetylens und das Gleichgewicht Azetylen—Azeton
1954, 42 Seiten, 3 Abb., 8 Tabellen, DM 8,—

HEFT 102
Dr. P. Hölemann, Ing. R. Hasselmann und
Ing. G. Dix, Dortmund
Untersuchungen über die thermische Zündung von
explosiblen Azetylenzersetzungen in Kapillaren
1954, 44 Seiten, 5 Abb., 4 Tabellen, DM 8,60

HEFT 104
Prof. Dr. W. Weizel, Bonn
Über den Einfluß der Elektroden auf die Eigenschaften von Cadmium-Sulfid-Widerstands-Photozellen
1955, 48 Seiten, 12 Abb., DM 9,45

HEFT 109
Dr. P. Hölemann und Ing. R. Hasselmann, Dortmund
Untersuchungen über die Löslichkeit von Azetylen
in verschiedenen organischen Lösungsmitteln
1954, 42 Seiten, 10 Abb., 8 Tabellen, DM 8,30

HEFT 110
Dr. P. Hölemann und Ing. R. Hasselmann, Dortmund
Untersuchungen über den Druckverlauf bei der
explosiblen Zersetzung von gasförmigem Azetylen
1955, 54 Seiten, 10 Abb., 5 Tabellen, DM 11,—

HEFT 120
Dipl.-Ing. A. Weisbecker, Lüdenscheid
Über Anfressung an Reinstaluminium-Schweißnähten bei der elektrolytischen Oxydation
Gebr. Hörstermann GmbH, Velbert
Entwicklung und Erprobung eines neuartigen
Gummibandförderers
1955, 46 Seiten, 18 Abb., DM 9,70

HEFT 138
Dr. P. Hölemann und Ing. R. Hasselmann, Dortmund
Untersuchungen über die Zersetzungswärme von
gasförmigem und in Azeton gelöstem Azetylen
1955, 54 Seiten, 8 Abb., 7 Tabellen, DM 10,40

HEFT 170
Prof. Dr. F. Wever, Dr. A. Rose und
Dipl.-Ing. L. Rademacher, Düsseldorf
Anwendung der Umwandlungsschaubilder auf
Fragen der Werkstoffauswahl beim Schweißen und
Flammhärten
1955, 64 Seiten, 25 Abb., DM 13,70

HEFT 206
Dr. P. Hölemann, Ing. R. Hasselmann und
Ing. G. Dix, Dortmund
Untersuchungen über die Vorgänge bei der Zersetzung von in Azeton gelöstem Azetylen
1956, 74 Seiten, 8 Abb., 7 Tabellen, DM 15,55

HEFT 274
Prof. Dr.-Ing. habil. K. Krekeler und
Dipl.-Ing. H. Verhoeven, Aachen
Qualitative Untersuchungen bei Verbindungsschweißungen mittels Lichtbogenschweißautomaten unter Verwendung von Blankdraht und Zugabe
von ferromagnetischem Pulver als Umhüllung
1956, 68 Seiten, 40 Abb., 8 Tabellen, DM 15,45

HEFT 275
Prof. Dr.-Ing. habil. K. Krekeler und
Dipl.-Ing. H. Verhoeven, Aachen
Quantitative Untersuchungen von Punktschweiß-
verbindungen an Tiefzieh- und Aluminiumblechen,
die nach dem Argonarc-Punktschweißverfahren
hergestellt werden
1956, 64 Seiten, 45 Abb., DM 14,60

HEFT 305
Prof. Dr.-Ing. habil. K. Krekeler, Dr.-Ing. H. Peukert,
Aachen, und Dipl.-Ing. W. Schmitz, Siegburg
Heißgas-Schweißung von Hart-Polyvinylchlorid
mit Zusatzwerkstoff
1956, 44 Seiten, 27 Abb., 5 Tabellen, DM 12,50

HEFT 328
Dr. H. Maeder, Belo Horizonte
Schweißen von Temperguß
1957, 92 Seiten, 59 Abb., 42 Tabellen, DM 25,50

HEFT 355
Prof. Dr.-Ing. habil. K. Krekeler, Dr.-Ing. H. Peukert
und Dipl.-Ing. A. Kleine-Albers, Aachen
Untersuchungen auf dem Gebiet der Schweißung
von Kunststoffen
Ein Beitrag zur Heißgas-Schweißung von Weich-
Polyvinylchlorid mit Zusatzwerkstoff
1957, 44 Seiten, 19 Abb., DM 11,—

HEFT 382
Dr. phil. habil. P. Hölemann, Ing. R. Hasselmann und
Ing. G. Dix, Dortmund
Die Messung von Flammen und Detonationsge-
schwindigkeiten bei der explosiven Zersetzung von
Azetylen in Rohren
1957, 36 Seiten, 7 Abb., 4 Tabellen, DM 8,10

HEFT 383
Dr. phil. habil. P. Hölemann und Ing. R. Hasselmann,
Dortmund
Verlauf von Azetylenexplosionen in Rohren bei
Gegenwart von porösen Massen
1957, 68 Seiten, 10 Abb., 15 Tabellen, DM 16,60

HEFT 438
Prof. Dr.-Ing. H. Winterhager und Dr.-Ing. L. Werner,
Aachen
Bestimmung des elektrischen Leitvermögens ge-
schmolzener Fluoride
1957, 52 Seiten, 18 Abb., 10 Tabellen, DM 11,90

HEFT 464
Dr. phil. habil. P. Hölemann und Ing. R. Hasselmann,
Dortmund
Die Möglichkeit der Zündung von Azetylen in
Rohrleitungen beim Ausblasen mit Stickstoff
1957, 38 Seiten, 6 Abb., 6 Tabellen, DM 9,20

HEFT 526
Dr. phil. habil. P. Hölemann und Ing. R. Hasselmann,
Dortmund
Einfluß der Oberflächenbeschaffenheit der Wan-
dung auf den Ablauf von Azetylenexplosionen
1958, 48 Seiten, 8 Abb., 10 Tabellen, DM 14,50

HEFT 531
Prof. Dr.-Ing. habil. K. Krekeler,
Dipl.-Ing. H. Verhoeven und
Dipl.-Ing. H. Ernenputsch, Aachen
Autogenes Entspannen bei niedrigen Temperaturen
1958, 48 Seiten, 17 Abb., DM 14,80

HEFT 532
Prof. Dr.-Ing. habil. K. Krekeler,
Dipl.-Ing. H. Verhoeven und
Dipl.-Ing. W. Krieweth, Aachen
Schutzgasschweißen mit kontinuierlich abschmel-
zender Elektrode von niedriglegierten Kohlenstoff-
stählen (Sigma-Schweißen)
1958, 50 Seiten, 30 Abb., DM 16,—

HEFT 569
Dr. phil. habil. P. Hölemann, Ing. R. Hasselmann und
J. Strootmann, Düsseldorf
Azetylenverluste an Naßentwicklern
1958, 26 Seiten, 4 Abb., 9 Tabellen, DM 9,65

HEFT 690
Dr. phil. habil. P. Hölemann, Ing. R. Hasselmann und
J. Strootmann, Dortmund
Die Zersetzung von gasförmigem Azetylen und
Azetylen-Azeton-Lösungen bei Gegenwart von
porösen Materialien
1959, 58 Seiten, 6 Abb., 10 Tabellen, DM 15,20

HEFT 692
Prof. Dr.-Ing. habil. K. Krekeler und
Dipl.-Ing. H. Verhoeven, Aachen
Untersuchungen zum Schweißen von Titan
(Wolfram-Inert-Schweißen)
1959, 51 Seiten, 29 Abb., DM 15,20

HEFT 723
Dr. phil. habil. P. Hölemann und
Ing. R. Hasselmann, Düsseldorf-Reisholz
Die Abhängigkeit des Volumens gesättigter
Azetylen-Azeton-Lösungen von Temperatur und
Konzentration
1959, 22 Seiten, 5 Abb., 3 Tabellen, DM 6,90

HEFT 739
Dr. phil. habil. P. Hölemann und
Ing. R. Hasselmann, Düsseldorf-Reisholz
Die Anreicherung von Phosphor- und Schwefel-
verunreinigungen in Azetylen-Flaschen
1959, 26 Seiten, 5 Abb., 9 Tabellen, DM 7,90

HEFT 765
Dr. phil. habil. P. Hölemann und
Ing. R. Hasselmann, Dortmund
Die Beeinflussung der Löslichkeit von Azetylen in
Azeton durch Phosphorwasserstoff und Divinyl-
sulfid
1959, 20 Seiten, 7 Abb., 3 Tabellen, DM 6,60

HEFT 778
Dr. phil. M. Gnielinski, Aachen
Zur Einführung der Statistischen Qualitätskontrolle
in Mittel- und Kleinbetrieben, Vorschläge und
Hilfsmittel
1959, 36 Seiten, DM 10,—

HEFT 791
Dr. phil. habil. P. Hölemann, Dortmund
Über den Mechanismus der Azetylendesorption aus
wäßrigen Lösungen
   1959, 28 Seiten, 5 Abb., mehr. Tabellen, DM 8,50

HEFT 792
Dr. phil. habil. P. Hölemann, Dortmund
Bestimmung des Dampfdruckes und der Ver-
dampfungswärme von flüssigem Azetylen
   1959, 19 Seiten, DM 6,70

HEFT 883
Dr. phil. habil. P. Hölemann, Düsseldorf
Über die Zündung von reinem Azetylen durch
Stoßwellen
   1960, 37 Seiten, 14 Abb., 11 Tabellen, DM 11,20

HEFT 888
Dr. phil. habil. P. Hölemann, Dortmund
Über den Kalkstaubgehalt im Azetylen aus
Naßentwicklern
   1960, 21 Seiten, 5 Abb., 3 Tabellen, DM 7,20

HEFT 984
*Dr. phil. habil. P. Hölemann und Ing. R. Hasselmann,
Forschungsstelle für Azetylen, Dortmund und Düssel-
dorf-Reisholz*
Die Druckabhängigkeit der Zündgrenzen von
Azetylen-Sauerstoffgemischen
   1961, 18 Seiten, 5 Abb., DM 6,60

HEFT 1045
*Dr. phil. habil. P. Hölemann, Forschungsstelle für
Azetylen, Dortmund*
Untersuchungen über das System Azetylen-Wasser
   1961, 36 Seiten, 5 Abb., 8 Tabellen, DM 12,90

HEFT 1099
*Dr. phil. habil. P. Hölemann
und Ing. R. Hasselmann,
Forschungsstelle für Azetylen, Dortmund*
Über die Reaktion von Azetylen mit den Bestand-
teilen von Trockenreinigungsmassen
   1962, 26 Seiten, 6 Abb., 7 Tabellen, DM 11,80

HEFT 1151
*Dr. phil. habil. Paul Hölemann, Forschungsstelle für
Azetylen, Dortmund*
Über die Umsetzung von Azeton in Diaceton-
alkohol unter dem Einfluß von Calciumhydroxyd
   In Vorbereitung

HEFT 1152
*Dr. phil. habil. Paul Hölemann und Ing. Rolf Hassel-
mann, Forschungsstelle für Azetylen, Dortmund*
Über den Gehalt an Monovinylazetylen und höheren Polymeren im Azetylen aus Karbid

Ein Gesamtverzeichnis der Forschungsberichte, die folgende Gebiete umfassen, kann bei Bedarf vom Verlag
angefordert werden:
Azetylen/Schweißtechnik – Arbeitswissenschaft – Bau/Steine/Erden – Bauwirtschaft - Bergbau – Biologie –
Chemie – Eisenverarbeitende Industrie – Elektrotechnik/Optik – Energiewirtschaft – Fahrzeugbau/Gas-
motoren – Farbe/Papier/Photographie – Fertigung – Funktechnik/Astronomie – Gaswirtschaft – Holzbear-
beitung – Hüttenwesen/Werkstoffkunde – Kunststoffe – Luftfahrt/Flugwissenschaften – Luftreinhaltung –
Maschinenbau – Mathematik – Medizin/Pharmakologie/NE-Metalle – Physik – Rationalisierung – Schall/
Ultraschall – Schiffahrt – Textiltechnik/Faserforschung/Wäschereiforschung – Turbinen – Verkehr – Wirt-
schaftswissenschaft.

WESTDEUTSCHER VERLAG · KÖLN UND OPLADEN
567 Opladen/Rhld., Ophovener Straße 1-3

GPSR Compliance
The European Union's (EU) General Product Safety Regulation (GPSR) is a set
of rules that requires consumer products to be safe and our obligations to
ensure this.

If you have any concerns about our products, you can contact us on

ProductSafety@springernature.com

In case Publisher is established outside the EU, the EU authorized
representative is:

Springer Nature Customer Service Center GmbH
Europaplatz 3
69115 Heidelberg, Germany